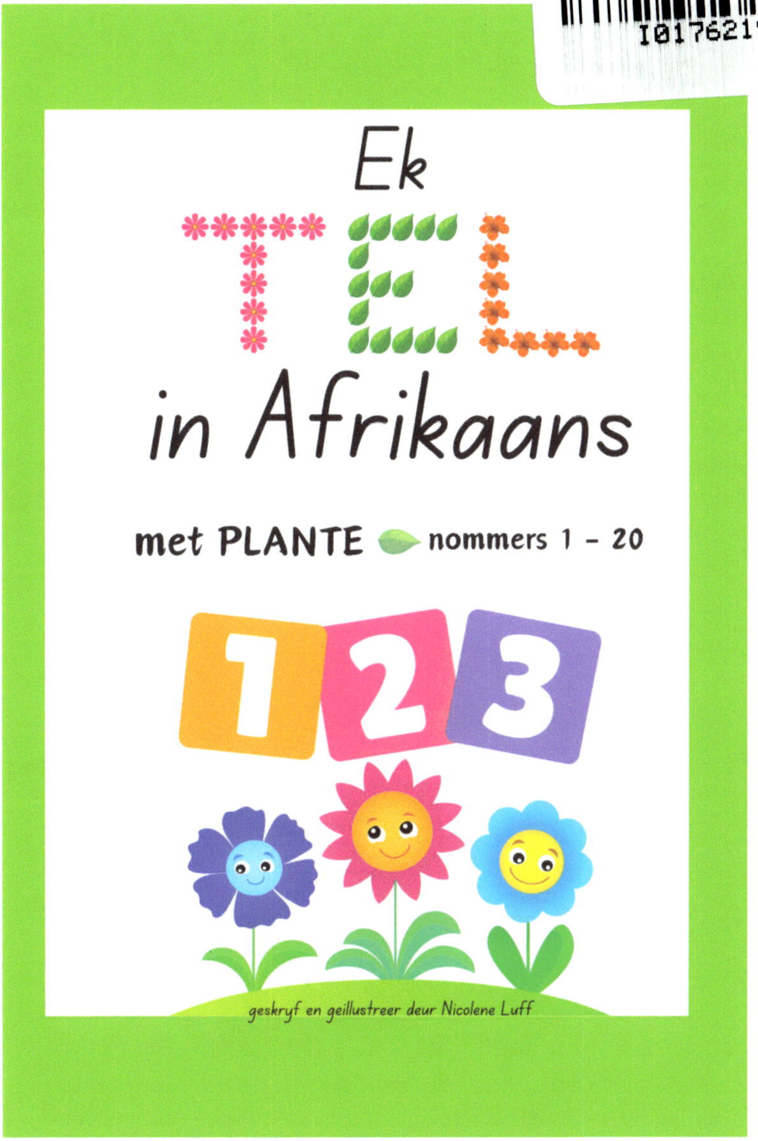

Copyright © 2024 by Nicolene Luff

2nd Edition, 2025

All rights reserved.

Copyright © 2024 by Nicolene Luff
2nd Edition, 2025
All rights reserved.

No part of this publication may be reproduced, distributed, or transmitted in any form or by any means, including photocopying, recording, or other electronic or mechanical methods, without the prior written permission of the publisher, except as permitted by U.S. copyright law. For permission requests,
contact Nicolene Luff at nicoleneinafrikaans@gmail.com.
The story, all names, characters, and incidents portrayed in this production are fictitious. No identification with actual persons (living or deceased), places, buildings, and products is intended or should be inferred.
This publication is designed to provide accurate and authoritative information in regard to the subject matter covered. It is sold with the understanding that neither the author nor the publisher is engaged in rendering legal, investment, accounting or other professional services. While the publisher and author have used their best efforts in preparing this book, they make no representations or warranties with respect to the accuracy or completeness of the contents of this book and specifically disclaim any implied warranties of merchantability or fitness for a particular purpose. No warranty may be created or extended by sales representatives or written sales materials. The advice and strategies contained herein may not be suitable for your situation. You should consult with a professional when appropriate. Neither the publisher nor the author shall be liable for any loss of profit or any other commercial damages, including but not limited to special, incidental, consequential, personal, or other damages.

Book Cover by Nicolene Luff

Illustrations by Nicolene Luff

ISBN : 979-8-9923945-0-4

"Laat ons taal voortleef in jou!"

1 een boom

een 1
protea

2 twee waterlelies

twee 2 gousblomme

3 drie
peonies

vier

4 laventel

takkies

5 vyf
sonneblomme

6
ses
varkore

sewe

klawer blare

sewe 7
madeliefies

agt 8
roosmaryn
takkies

agt 8
tulpe

nege affodille

11
elf

10 + 1 = 11

Tien plus een

is gelyk aan

<u>elf.</u>

12

twaalf

10 + 2 = 12

Tien plus twee is gelyk aan twaalf.

13
dertien

10 + 3 = 13

Tien plus drie is gelyk aan dertien.

14

veertien

10 + 4 = 14

Tien plus vier is gelyk aan veertien.

15

vyftien

10 + 5 = 15

Tien plus vyf is gelyk aan vyftien.

16
sestien

10 + 6 = 16

Tien plus ses is gelyk aan sestien.

17
sewentien

10 + 7 = 17

Tien plus sewe is gelyk aan sewentien.

18
agtien

10 + 8 = 18

Tien plus agt

is gelyk aan

<u>agtien.</u>

19
negentien

10 + 9 = 19

Tien plus nege is gelyk aan <u>negentien</u>.

20
twintig

10 + 10 = 20

Tien plus tien is gelyk aan <u>twintig.</u>

Die ruspe het <u>een</u> blaar.

Hy vat 'n hap.

Maria se plant het <u>twee</u> pienk blomme.

Nico pluk <u>drie</u> blomme.

Daar is <u>vier</u> blomme in die kruiwa.

Kyk die krimpvarkie.

Daar is <u>vyf</u> blomme.

Daar is <u>ses</u> tulpe in die gieter.

Ek sien

sewe

palmbome in die foto.

Mamm se roosbos het <u>agt</u> blomme.

Ek sien <u>nege</u> waterlelies in die dam.

Jana en Ben het altesaam <u>tien</u> blomme.

Elke blom het vyf blare. Altesaam het hul tien blare.

Een blom het <u>agt</u> blare, die ander het <u>sewe</u>. Gesamentlik is daar <u>vyftien</u>.

Altwee blomme het <u>agt</u> blare. In totaal is daar <u>sestien</u> blare.

Die een blom het <u>veertien</u> blare en die ander een het <u>ses</u>. Saam het hulle <u>twintig</u> blare.

een	elf
twee	twaalf
drie	dertien
vier	veertien
vyf	vyftien
ses	sestien
sewe	sewentien
agt	agtien
nege	negentien
TIEN	TWINTIG

This book is part of a series of books that
focus on counting in Afrikaans;
Ek TEL in Afrikaans met VORMS, nommers 1 - 10
Ek TEL in Afrikaans met PLANTE,
nommers 1 - 20
Ek TEL in Afrikaans met DIERE, wilde diere,
nommers 1 - 30
Ek TEL in Afrikaans met DIERE, mak diere, tel
met 10'e tot 100

Be on the lookout for more Afrikaans reading
& activity books!

Ek LEES in Afrikaans
Ek SKRYF in Afrikaans
Ek BID in Afrikaans

& more!

Find them on
Amazon
&
southafricantreasures.com

Follow us on Instagram
@southafrican_treasures

Thank you for your support!

www.ingramcontent.com/pod-product-compliance
Lightning Source LLC
Chambersburg PA
CBHW041307110426
42743CB00037B/29